格林尼治天文台宇宙之书

宇宙的未来

[英]拉曼·普林贾◎著　　[英]扬·别莱茨基◎绘

陈冬妮◎译　　李海宁◎审订

童趣出版有限公司编译　　人民邮电出版社出版

北　京

图书在版编目（CIP）数据

宇宙的未来 / （英）拉曼·普林贾著 ；（英）扬·别
莱茨基绘 ；童趣出版有限公司编译 ；陈冬妮译. -- 北
京 ：人民邮电出版社，2024.2
 （格林尼治天文台宇宙之书）
 ISBN 978-7-115-62777-3

 Ⅰ．①宇… Ⅱ．①拉… ②扬… ③童… ④陈… Ⅲ.
①宇宙—少儿读物 Ⅳ．①P159-49

中国国家版本馆CIP数据核字(2023)第185894号

著作权合同登记号：01-2023-0169

The Future of the Universe
First published in Great Britain in 2022 by Wayland
Text © Raman Prinja, 2022
Design and Illustration © Hodder and Stoughton, 2022
All rights reserved.

著　　　：[英] 拉曼·普林贾
绘　　　：[英] 扬·别莱茨基
译　　　：陈冬妮
审　　订：李海宁
责任编辑：许治军
责任印制：李晓敏
封面设计：段　芳
排版制作：北京唯佳创业文化发展有限公司

编　　译：童趣出版有限公司
出　　版：人民邮电出版社
地　　址：北京市丰台区成寿寺路11号邮电出版大厦（100164）
网　　址：www.childrenfun.com.cn

读者热线：010-81054177
经销电话：010-81054120

印　　刷：北京华联印刷有限公司
开　　本：889×1194　1/16
印　　张：4
字　　数：110千字
版　　次：2024年2月第1版　2024年2月第1次印刷
书　　号：ISBN 978-7-115-62777-3
定　　价：58.00元

目　录

膨　胀

　　仰望夜空，宇宙看起来是那样宁静又没有任何变化。我们已经熟悉了宇宙的广袤——现在的你所看到的夜空，与孩提时没有什么不同。宇宙总给人永恒的感觉，但实际上，宇宙一直在变化——只是我们没有留意罢了。之所以能看到行星和月球在天空中运动，是因为它们距离我们很近，而远在太阳系之外，数以万亿计的恒星和星系也正随着宇宙的膨胀而高速飞驰。我们看不出它们在天空中运动，只是缘于远得不可思议的距离，毕竟我们只偏居在宇宙一隅。

　　可能你已经读过介绍宇宙138亿年历史和宇宙如何形成的书，但你对宇宙的未来有多少了解呢？这本精彩的书将揭秘宇宙的未来。当然，我们不可能重播宇宙的过去，我们也没有时间机器穿越到宇宙的未来。但科学家能够将事实拼凑起来，建立可信的理念。通过观测今天宇宙的样貌，科学家就可以推测宇宙天体的演化路径。这样的知识使得科学家能够描述未来宇宙的变化，只要将今日的天文学观测应用到宇宙未来就可以了。通过长时间的观测，天文学家已经很清楚地发现整个宇宙正在演变——几十亿年之后的宇宙，显然会和现在的宇宙很不一样。

不仅宇宙在膨胀，我们对控制着宇宙及宇宙中一切的科学原理的理解和认知范围也在不断扩展。宇宙拥有太多奥秘，全球的几千位科学家都在致力于探究这些问题。也许你也会成为新一代科学家中的一员，迎接宇宙的挑战，发现更多激动人心的未解之谜。那将是多么鼓舞人心的职业啊！

对科学知识的搜寻已经融入每个人的日常生活中，只是有时候我们没有意识到这一点。从本质上来说，科学就是要唤起人们的好奇心和创造力，拉曼·普林贾教授和格林尼治天文台的工作者一直都致力于培养人们的这些品质。对知识的渴望是可以传染的，我们非常荣幸能够支持像本书这样由充满热情的科学家撰写的书籍出版。

对宇宙未来的探索自然会唤起我们的好奇心，激发我们想象的火花。读完这本书之后，希望你在抬头仰望夜空时，可以对宇宙令人费解的膨胀多一些感悟和理解。

达拉·佩特尔

格林尼治天文台天文教育资深经理

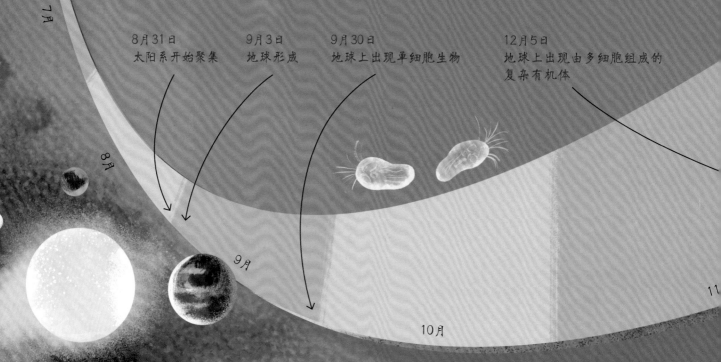

宇宙时间表

我们所在的行星、太阳系、星系，以及整个宇宙都在随着时间的流逝发生变化。行星在轨道上围绕太阳运行，新的彗星出现在我们的天空，年老的恒星消亡，新的恒星诞生，宇宙空间中约2万亿个星系正在彼此远离。本书将带着我们开始一段非常奇异的旅行，沿着未来时间轴去探索变幻莫测的宇宙。

我们经常用时间表来回溯地球的过去。在人类历史上，时间表可以描述几千年间各个历史时期的生活：史前时期、古罗马文明、中国王朝、工业革命，直至21世纪。

宇宙也拥有同样的历史时间表，只不过宇宙的时间表要延伸至138亿年前。那时，宇宙随着大爆炸诞生了。物质、能量、空间和时间都在这一刻产生。在138亿年的历史中，迷人的宇宙中形成了原子、恒星、星系，最终还形成了包括地球在内的行星，而且地球上的生命还得以延续至今。

1月

1月1日 午夜
大爆炸

2月

3月

3月15日
少年银河系形成
（约为110亿年前）

4月

5月

6月

7月

8月

8月31日
太阳系开始聚集

9月3日
地球形成

9月30日
地球上出现单细胞生物

12月5日
地球上出现由多细胞组成的
复杂有机体

9月

10月

时间尺度模型

　　我们很难理解跨越几十亿年的时间片段，因为它们比我们熟悉的日常生活中的时间长得太多太多。因此让我们把长达138亿年的宇宙历史压缩为一个地球年。在这个时长为1年的时间尺度模型里，每个月代表的时间要比10亿年稍稍长一点儿，而每小时大概相当于150万年的长度。插图标出了在这个时间尺度模型的一年里，宇宙中按时间顺序发生了哪些大事件。

12月30日 12:00
地球上出现灵长类动物（我们就是灵长类哺乳动物）

12月30日 6:00
一颗巨大的小行星或者彗星撞击地球，结束了恐龙对地球的统治

12月25日
恐龙漫步在地球上

12月31日 23:59
古埃及人建造了金字塔

　　时间尺度模型告诉我们，与漫长的宇宙史相比，全部人类史短得令人难以置信。

12月

一年中的最后10秒
涵盖了全部的人类历史，从古埃及时期直到今天！

伟大的未来之旅

在接下来的篇章中，我们要把目光投向未来，而不是回望过去。我们要去探索科学家预言的宇宙将会发生的惊人事件，它们远在千年、百万年、十亿年，甚至万亿年以后。在未来探索之旅中，我们会遇到新的星座、爆发的恒星、新诞生的行星环、令人惊叹的星系碰撞，以及星系群的运动。最终我们会看到宇宙自身的黑暗终结，那是距今万亿亿年之后的事了。（一万亿就已经是个巨大的数字了，用数字表示为1000000000000！）

本书讲述的宇宙未来会发生的事件并非无端猜测。科学家凭借目前已经了解的关于宇宙在过去138亿年是如何变化的信息，就能够自信地预测宇宙未来的变化。我们依靠科学理论来理解诸如引力等各种力是如何对太空中的物体发挥作用的。

利用物理学、天文学和数学，科学家能够研究宇宙中物质的运动，以及在能量和光的作用下物质会表现出怎样的行为。未来，一代又一代的科学家（可能就包括你！）将继续研究并更加深入地理解和预测宇宙未来会发生的每一个奇迹。

让我们利用对宇宙过去和现在的了解，开启一场伟大的宇宙未来探索之旅吧。在后续的内容中，我们都会沿着时间轴跳到更遥远的未来宇宙。

引力规则

引力是宇宙基本作用力之一。尽管引力是自然界所有基本作用力中最弱的，但在太空和天文学领域，引力是最重要的。任何有质量的物体，都会对其他物体产生引力作用。

· 太阳的引力作用于行星，使得它们能够在轨道上运动而不会逃逸至恒星际空间。

· 地球的引力将我们牢牢地束缚在地球表面。

· 正是由于引力作用，几千亿颗恒星才能聚集起来，构成美丽的旋涡星系——银河系。

自宇宙诞生之初引力就无处不在了，我们相信在宇宙各处，引力都遵循着相同的规则。

大彗星回归

彗星"雪球"

彗星是浪迹于太阳系的冰质天体。在大约45亿年前，行星和卫星形成后留下了很多小块岩石和冰粒，正是这些物质构成了彗星。为什么说彗星能够帮助我们搞清楚行星初次形成时的物质状况呢？因为自那时起，这些彗星几乎没有改变过。

每一颗彗星都有极小的冰冻部分，称为彗核，直径为1~20千米。彗核由冰、气体和大量岩石尘埃构成。你可以把它们想象为太空中的"脏雪球"。有科学家认为正是早期彗星撞击地球时带来的这部分水形成了地球最初的海洋。

环绕太阳运动

大部分时间里彗星都在距离太阳很远的地方，远到几十亿甚至几万亿千米之外。然而彗星有着太阳系内最奇特的运动轨道，它们有时在远离所有行星之外的地方运动，然后又呼啸着冲到非常靠近太阳的位置。这样的运动轨道被称为椭圆轨道。

当彗星沿着椭圆轨道运行至太阳附近时，彗星被加热，喷出气体和尘埃，形成背向太阳的长达百万千米的彗尾。所以当它经过地球时，我们能够在天空看到拖着闪耀慧尾的彗星。

预测彗星

非常著名的彗星之一就是哈雷彗星。它以英国天文学家和数学家埃德蒙·哈雷的名字命名。哈雷仔细研究了1531年、1607年和1682年人们在地球上看到彗星时的历史记录。与此同时，英国物理学家、数学家艾萨克·牛顿爵士正致力于有关引力定律和运动规律的研究。哈雷利用牛顿的理论精确地计算出了这颗彗星的轨道。

这样的彗星被称为周期彗星。哈雷预言这颗彗星将于1758年再次靠近地球。遗憾的是，他于1742年离世，没能亲眼见证这颗彗星的回归。但其他天文学家看到了1758年彗星的回归，证明哈雷的预言是正确的！哈雷彗星在围绕太阳公转的周期轨道上运行，每圈绕行平均需要76年才能完成。

哈雷彗星的彗核是太阳系内极为暗黑的物体，因为它只能将照到自身表面的太阳光反射回来一点点。

哈雷彗星绕太阳运行的轨道上有个特殊位置，每运行一圈，它都会在此处靠近地球。1910年，人们在地球上就看到了壮观的哈雷彗星，那一次，二者的距离只有2200万千米，对于一颗彗星来说，这个距离实在是太近了！

哈雷彗星上一次靠近地球，还是在1986年。那年，我们第一次能够利用空间探测器来近距离研究它。由欧洲空间局（ESA）发射的乔托行星际探测器传回的照片显示，哈雷彗星彗核的大小约为16千米×8千米×7.5千米。

下一次精彩现身

现在，我们前往未来。根据引力定律，科学家能够精确地预测，运行在绕日周期轨道上的哈雷彗星将于2061年回到我们的夜空中。

太阳

地球轨道

2061年6月1日
彗星距离太阳最近

2061年6月18日，
彗星距离地球最近。

每一次哈雷彗星奔向太阳附近，都会形成彗发和彗尾。这意味着每一次经过太阳，哈雷彗星都会损失相当于彗核表面1~3米厚的物质。

从2061年5月末到6月中旬，在黎明前的夜空中都能看到明亮的哈雷彗星；而从6月中旬直到7月初，则要在日落后才能看到它的身影。

从7月末开始，随着哈雷彗星远离地球回到外太阳系，它在夜空中的亮度会逐渐降低。

有科学家预测哈雷彗星在解体之前，还能绕太阳运行大约300周。也就是说，在未来的23000年里，人们还能从地球上看到哈雷彗星。

更多彗星造访

　　海尔-波普彗星是另一颗著名的周期彗星。1997年我们在地球上仅凭肉眼，就能够在长达几个月的时间里看到这颗景象壮观的彗星。天文学家已经计算出海尔-波普彗星的运行周期要比哈雷彗星长得多。绕太阳运行一圈要花去2000多年的时间。按照预测，下一次海尔-波普彗星回归地球夜空要等到4385年！

地球的摇摆

轮子、旋转木马和行星都在围绕一根轴做旋转运动。同其他行星一样，地球的地轴是一根假想的线，经过地球中心从地球北极直到南极。虽然我们无法感知，但地球表面正以超过每小时1000千米的速度绕自转轴旋转。不仅要感谢地球自转让我们享有每24小时循环一次的昼夜，还要感谢向下的地心引力将我们牢牢束缚在地表之上，这样我们才没有因为地表的高速旋转而被甩出地球。

倾斜的地球

科学家认为，在几十亿年前，当地球还非常年轻时，一个硕大的天体与地球发生碰撞，导致现在的地轴指向黄道面不是垂直的而是倾斜的，倾斜的角度约为23.4度。

这个特殊的倾斜角度，是造成今天地球上生物多样与环境平衡的部分原因，正因如此，地球才能支持人类生命的存在，恰如我们所感受到的那样！地球的四季变化也是因为地轴的倾斜。在一年中，当地球北极朝向太阳时，是北半球的夏季。此时由于太阳光近乎直射地穿过地球大气，而不是以其他角度射入，因此我们会感觉更热。也就是说，太阳光没有过多地被散射，所以地球北半球表面的任何地方都获得了更多太阳能。大约6个月后，当地球南极朝向太阳时，就是北半球的冬季和南半球的夏季了。

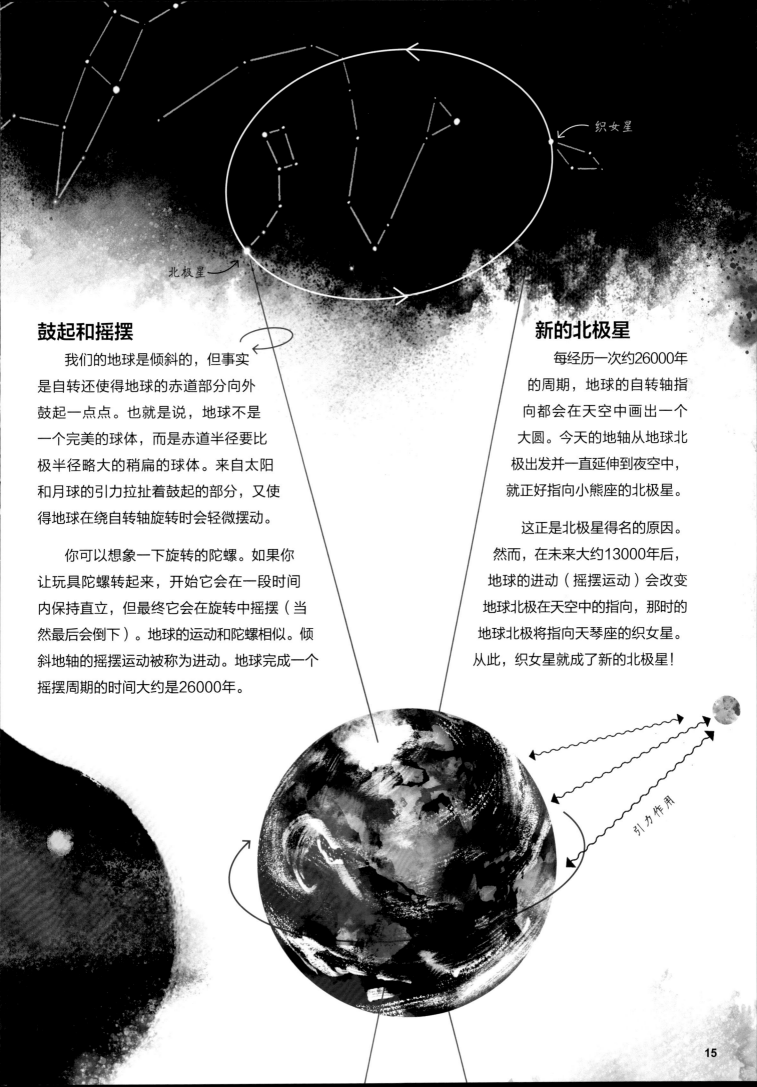

织女星

北极星

鼓起和摇摆

　　我们的地球是倾斜的，但事实是自转还使得地球的赤道部分向外鼓起一点点。也就是说，地球不是一个完美的球体，而是赤道半径要比极半径略大的稍扁的球体。来自太阳和月球的引力拉扯着鼓起的部分，又使得地球在绕自转轴旋转时会轻微摆动。

　　你可以想象一下旋转的陀螺。如果你让玩具陀螺转起来，开始它会在一段时间内保持直立，但最终它会在旋转中摇摆（当然最后会倒下）。地球的运动和陀螺相似。倾斜地轴的摇摆运动被称为进动。地球完成一个摇摆周期的时间大约是26000年。

新的北极星

　　每经历一次约26000年的周期，地球的自转轴指向都会在天空中画出一个大圆。今天的地轴从地球北极出发并一直延伸到夜空中，就正好指向小熊座的北极星。

　　这正是北极星得名的原因。然而，在未来大约13000年后，地球的进动（摇摆运动）会改变地球北极在天空中的指向，那时的地球北极将指向天琴座的织女星。从此，织女星就成了新的北极星！

引力作用

更热的夏天和更冷的冬天

在今后的13000年里，地球每年的季节变化仍然发生在相同的太阳历月，但在地球绕太阳公转的轨道上，季节变化发生的位置会因为地球自转轴的进动而发生改变。大约13000年后，地球自转轴的摇摆效果已经足够明显，那时当地球运行到椭圆形绕日公转轨道上的近日点（更靠近太阳的位置）时，北半球的夏天将会来临。

现在，地球在每年的1月最靠近太阳，而13000年后，地球将在每年的7月最靠近太阳。

季节日历

N

北半球春季

N

今天
地球的倾斜

北半球夏季

N

北半球秋季

北半球冬季

北半球秋季

13000年后
地球的倾斜

北半球冬季

北半球夏季

北半球春季

北半球夏季变短而冬季变长，会对整个地球产生重大影响。

这是因为地球的大部分陆地位于北半球，与海洋气候相比，陆地气候有着更大幅度的季节变化。

随着北半球夏季和冬季的冷暖幅度和时长都发生变化，很有可能在远离赤道的更广袤的陆地上，形成新的更大的冰川。

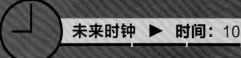
双子座

巨蟹座

狮子座

如今，天文学家一致同意用88个星座来帮助我们认识夜空。

这些星座包括我们熟知的猎户座（猎人）、狮子座（狮子）、金牛座（牛）、仙后座（皇后）和人马座（人马）。

在我们的一生之中，通常都能够看到这些星座和其他全部的星座。然而，这些星座的形状并非永恒。

夜空中的新星座

在黑暗清朗的夜晚，远离城市的灯光，你仅凭肉眼就能够识别出夜空中大约2000颗恒星。遥望这些恒星，你可以把它们分成不同的组，用假想的线条连接起来，形成不同的图案或形状。

这正是贯穿人类历史的几乎每一种文明都曾做过的事。古人为这些假想出来的由星星组成的图形命名，并讲述着与之相关的迷人的故事、神话和传说。我们今天看到的夜空中的星星图案，或者称为星座，与古老文明时期的先人们看到的是一样的。

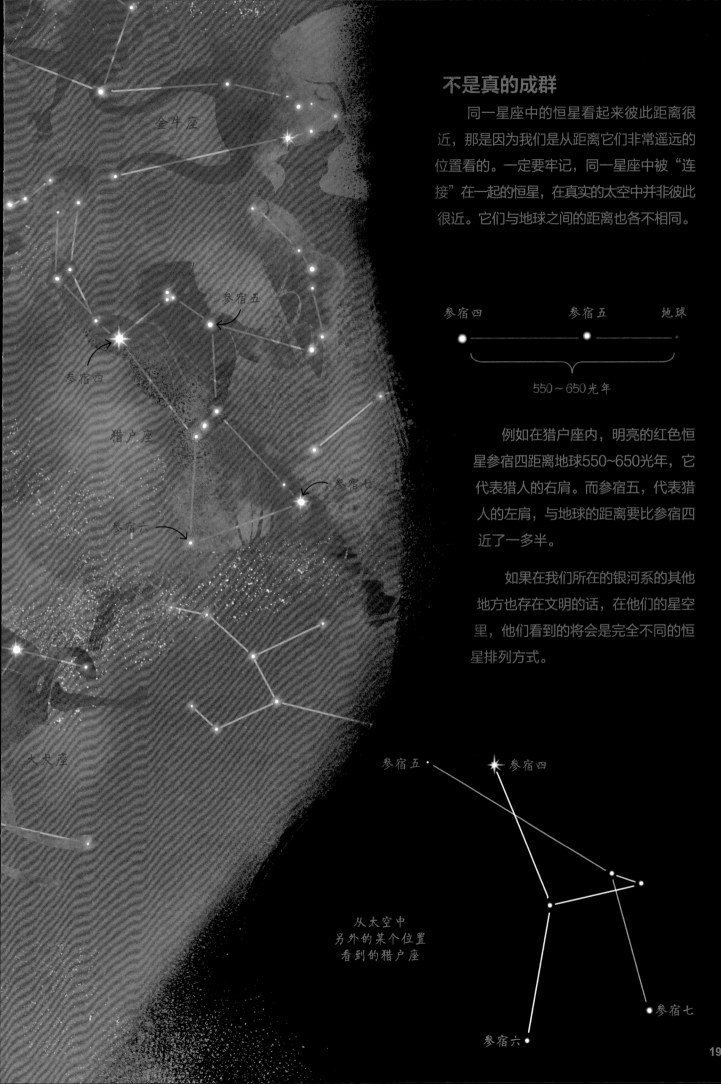

不是真的成群

同一星座中的恒星看起来彼此距离很近，那是因为我们是从距离它们非常遥远的位置看的。一定要牢记，同一星座中被"连接"在一起的恒星，在真实的太空中并非彼此很近。它们与地球之间的距离也各不相同。

参宿四　　　　参宿五　　　　地球

550~650光年

例如在猎户座内，明亮的红色恒星参宿四距离地球550~650光年，它代表猎人的右肩。而参宿五，代表猎人的左肩，与地球的距离要比参宿四近了一多半。

如果在我们所在的银河系的其他地方也存在文明的话，在他们的星空里，他们看到的将会是完全不同的恒星排列方式。

金牛座

参宿五

参宿四

猎户座

参宿七

参宿六

大犬座

参宿五　　　　参宿四

从太空中
另外的某个位置
看到的猎户座

参宿七

参宿六

19

运动的恒星

星座的样貌会发生变化，是因为每颗恒星都在以不同的速度运动着。在引力的作用下，恒星纷纷绕着银河系中心，运行在巨大的轨道上，互相推挤着。天文学家能够精确地测量出恒星运动的速度和方向。

10万年后，很多星座都会呈现出与今天完全不同的样貌。

恒星运动的速度惊人，每小时超过10000千米，但由于它们距离地球太远，我们要花很长时间才会注意到它们的运动。在日常生活中你也可以观察到这类现象，只不过发生在更小的尺度上。你很容易注意到前面有一辆汽车，它正从马路一头快速驶向另一头，但是远在高空中的喷气式飞机看起来则要慢得多，即使飞机在空中的运动速度高达每小时几百千米。

需要新的传说和神话！

北斗七星是大熊座的著名组成部分。摇光，又名破军星，是位于北斗七星勺柄形状的最末端的恒星，它的运动方向与今天所有其他构成北斗形状的恒星完全不同。在遥远的将来，北斗七星的勺柄看起来会更弯曲，其余部分的形状也会非常分散。未来，它看起来将更像一只鸭子而不是勺子！

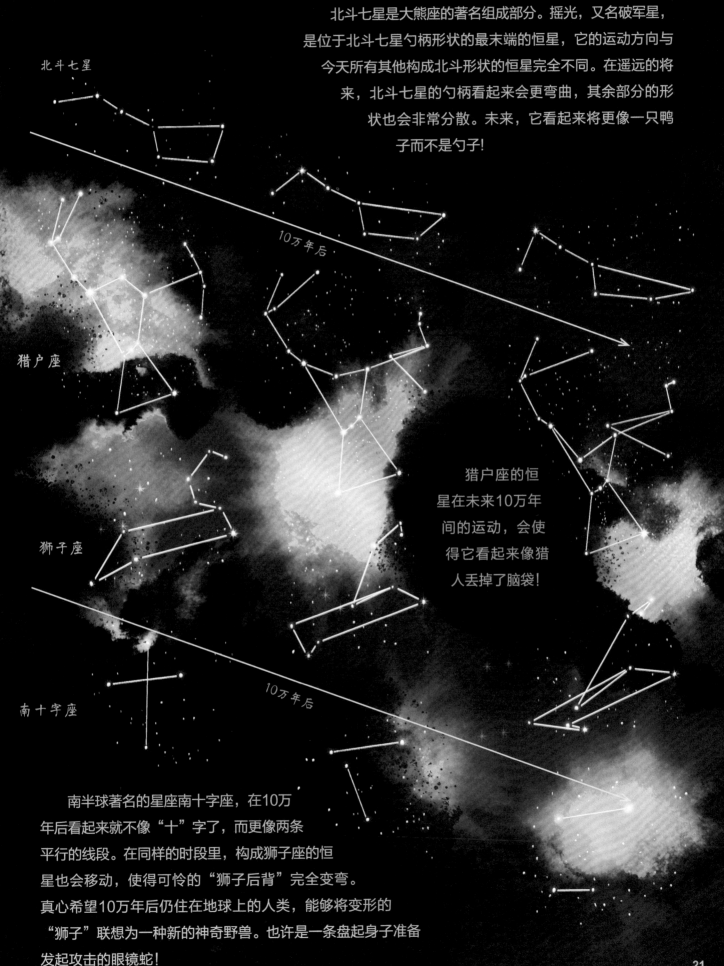

北斗七星

猎户座

狮子座

南十字座

10万年后

10万年后

猎户座的恒星在未来10万年间的运动，会使得它看起来像猎人丢掉了脑袋！

南半球著名的星座南十字座，在10万年后看起来就不像"十"字了，而更像两条平行的线段。在同样的时段里，构成狮子座的恒星也会移动，使得可怜的"狮子后背"完全变弯。真心希望10万年后仍住在地球上的人类，能够将变形的"狮子"联想为一种新的神奇野兽。也许是一条盘起身子准备发起攻击的眼镜蛇！

参宿四爆发

就像自然界的其他事物一样，恒星也并非永恒。它们有长达几十亿年的诞生、生长和死亡的生命周期。这就是恒星的演化。

伟大的平衡作用

恒星是被引力作用束缚的大质量高温气体球。恒星一生都面临着与引力的战斗，引力总是让恒星自身坍缩。抗击这种压缩的力量来自恒星炽热的中心，或者称为核心。在恒星中心，气体被紧致地压缩，温度超过1000万摄氏度，这里是恒星的能量来源。

在这个中心能量站里，核聚变反应产生的巨大能量，就是核能。这种能量能够与试图让恒星向内坍缩的引力相抗衡，让恒星保持着平衡且充满活力的稳定状态。向内的引力与向外的推力之间的战斗，为银河系的千亿颗恒星提供能量，让它们能够在很长的时间里持续发光、发热。但是，恒星不会永远闪耀。

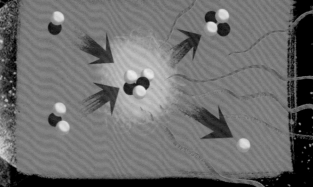

恒星核心内部的核聚变反应

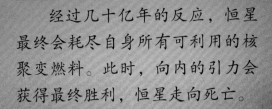

经过几十亿年的反应，恒星最终会耗尽自身所有可利用的核聚变燃料。此时，向内的引力会获得最终胜利，恒星走向死亡。

有些恒星以爆炸的方式告别

每颗恒星从诞生到死亡所经历的生命周期不尽相同。生命周期的长短取决于恒星诞生时的质量。诞生时质量越大的恒星，生命周期越短，死亡时的爆发也更加猛烈。

有些大质量恒星诞生时的质量是太阳的100倍！质量超级大的恒星，其核聚变反应与引力平衡的稳定时间仅有几百万年。当这类恒星的主要燃料氢消耗殆尽时，它们首先会膨胀，成为巨星，同时耗尽最后一点燃料。最终，它们以难以置信的猛烈爆炸结束生命，这就是超新星大爆发。一颗超新星释放的能量甚至能超过一个由千亿颗恒星组成的星系所能释放的能量！

不稳定的参宿四

在我们的未来时间轴上，在今后100万年的时间里，夜空中一颗著名的恒星将要结束生命。在本书第19页，我们介绍过猎户座的象征猎人右肩的参宿四，或者称为猎户座 α，它是夜空中最明亮的恒星之一。参宿四是一颗濒死的、膨胀的巨星。它的质量大约是太阳的20倍，直径约为太阳的1000倍。如果用参宿四代替太阳，把它放在太阳系中心，那么它会吞噬火星和火星轨道范围以内的全部行星，连小行星带也不能幸免。它在太阳系里占据的空间外缘几乎直达木星！

猎户座

白天可见的超新星

天文学家已经对参宿四进行了连续多年的详细研究，包括利用功能强大的望远镜来监测它的亮度变化。根据已掌握的恒星生命周期的知识，天文学家利用计算机模拟（或者预测）了参宿四的未来，它将在接下来的100万年之内以超新星的形式爆发。

参宿四爆发期间，地球上的人们将在天空中看到奇特的天象，它就像一个非常明亮的灯塔。它的亮度至少与满月相当，甚至在夜里都能投下暗影。那将是天空中的奇观。在接下来的2~3个月的时间里，我们在白天都可以看到参宿四。庆幸的是，参宿四距离我们太远了，它的爆发不会对地球上的生命造成危害。

奇异的残余物质

超新星会把硕大恒星外层的全部气体和尘埃都喷发到星际空间里。这些参宿四的残余物质在很多年里都会保持非常高的温度。它们会在太空中飘飘荡荡，最终跨越遥远的距离，成为新一代恒星诞生所需的原材料。这好似一个"宇宙回收工厂"！

天文学家预测，在超新星爆发将参宿四的全部外层物质都喷发出去后，剩下的将是一个非常奇特、被紧致压缩的星体，称为中子星（全部由被称为中子的小粒子构成）。快速旋转的中子星直径只有20千米。

与太阳系的碰撞

我们能用肉眼看到的夜空中的恒星都位于银河系内。你已经知道，所有这些恒星，包括我们的太阳，都在持续地运动。它们都在围绕银河系中心的近乎圆形的轨道上运动，对于太阳来说，像这样完成绕银河系中心一整圈的运动大约需要2.3亿年的时间。

太阳系的位置

有趣的是，恒星在围绕银河系中心的轨道上运动时并非总是安静有序的。几十亿颗恒星在彼此引力作用的拖曳下，摇摆不定。这就意味着当恒星在银河系内绕银河系中心运动时，它们歪歪扭扭的轨迹有时会让它们彼此靠得更近。

飞奔而来的格利泽710

2013年12月，欧洲空间局将"盖亚"空间探测器发射至太空。"盖亚"的设计目标就是测量银河系内几千万颗恒星的运动情况，其中之一就是名为格利泽710的恒星。这颗恒星的直径约为太阳的一半，距离地球64光年，位于巨蛇座。

"盖亚"空间探测器

太阳系

格利泽710正在朝我们飞奔，时速约为每小时50000千米。大约130万年后，这颗流浪恒星将会成为新访客，与太阳系相撞！因此，在格利泽710距离地球最近时，我们将会在夜空中看到一个明亮的橙色天体，它比视野里的其他恒星都更亮。

太阳与地球间的平均距离为1.5亿千米，这个距离被当作计量空间距离的单位，称为1天文单位（AU）。因此太阳与地球的距离就是1天文单位。

天文学家已经计算出格利泽710将在距离太阳系13300个天文单位处与我们"擦肩而过"。虽然这个距离看起来很遥远，但从天文学的视角来看，相对于其他恒星，这颗恒星离我们已经非常非常近了！

很多很多年以后，格利泽710将迎面飞向我们。

彗星雨

　　太阳系与格利泽710的碰撞还会引发其他碰撞！
在太阳系内远离所有行星的区域，有一团硕大的由冰和
岩石构成的云，绝大多数彗星就来源于此。这个球形的冰
冻彗星之家称为奥尔特云，是以荷兰天文学家扬·奥尔特
的名字命名的，因为正是他第一个预言了彗星来自这个
太阳系边区的巨型云团。

奥尔特云距离太阳2000至
10000个天文单位。130万年后，
当格利泽710几乎撞向我们时，它将在
撞入奥尔特云后滑过太阳系。与此同时，
格利泽710的引力将会把大量本来待在
奥尔特云的冰质石块撕碎。

通过扰动奥尔特云，格利泽710会给太阳和行星送来一阵"彗星雨"。天文学家估计，每年会有大约10颗新彗星闯入内太阳系，这场一年一度的流星盛宴会持续几百万年！在未来，有些彗星会被木星的引力扫净，而另一些则会成为绕太阳运动的周期彗星，还有一些甚至会永远飞离太阳系。

火星有了环

太阳系的8颗行星，可以根据其体积和成分分为两大类。

4颗类地行星：水星、金星、地球、火星。它们也叫岩质行星，在更靠内侧的区域绕太阳运动。

水星

金星

地球

火星

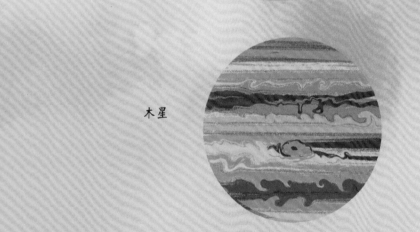

木星

4颗巨行星：木星和土星是气态巨行星，天王星和海王星是冰质巨行星。它们都在火星轨道之外。

其中，体积最大的是木星，它的直径比地球直径的10倍还要大。

土星

天王星

海王星

体积最小的是水星，地球直径都要比水星的大2.5倍。如果要把木星填满，需要大约24500个水星才行！

环绕巨人的圆环

巨行星都有行星环围绕，但它们的行星环并不相同。

土星的环是最亮最壮观的，由大小不一的冰质物质构成，大的能有一座房子那么大，小的要比尘埃颗粒还小。

木星的环由细小的暗黑尘埃粒子构成，要比土星的环暗淡得多。

天王星和海王星的环也都很暗淡，虽然有些区域能延展至100千米甚至4000千米，但平均宽度只有几千米。

天文学家认为行星（例如土星）的环是由被瓦解的卫星遗骸构成的，主要是小个头儿的岩石和冰粒等物质。我们的夜空中即将出现一组新的环。因为在宇宙未来的时间轴上，围绕火星的一颗小卫星，正面临着残酷的命运。

土星

木星

海王星

天王星

劫数难逃的火卫一

火星有两颗小卫星，分别名为火卫一和火卫二。两颗卫星的形状都很奇怪，像马铃薯一样，较大的是火卫一，约22千米宽；较小的是火卫二，平均半径仅约6.2千米。这两颗卫星是太阳系最小的两颗卫星。

然而，即使从火星表面看去，火卫一和火卫二也都更像遥远的星辰而非我们在地球上看月亮的感觉。空间探测器近距离观测了这两颗卫星的表面。它们的表面起起伏伏，有很多撞击坑和疏松的岩石。

火卫一绕火星运动一周的平均距离只有大约9300千米。每个火星日，火卫一都能够绕火星运行3周。然而火卫一的命运已经注定，它不会永远绕着火星运动。火卫一将缓缓地旋转着，朝向火星坠落，平均每个世纪大约下坠1.8米。

被引力撕碎

随着火卫一距离火星越来越近，它受到的火星引力的拖曳也越来越强。因为火卫一形状不规则，表面又起起伏伏，这颗小卫星表面不同位置所受到的火星引力也不同。

最终，大约距今5000万年后，火星的引力会强大到足以把火卫一撕碎成无数小块物质。

来自碎裂火卫一的碎片、岩石和尘埃会进入绕火星运行的轨道。随着这些遗骸延展开来，火星将成为太阳系第一个拥有环系的岩质行星！那时，火星的环会非常暗淡，很像现在木星的环。

但是，这个火星环维持的时间不会太久。天文学家估计火星环的寿命将短于1亿年。接下来，构成火星环的砾石会逐渐撞向火星表面，在这颗红色行星的赤道沿线，留下很多新的陨石坑。

实际上，由空间探测器传回的近距离拍摄的火卫一照片显示，这颗卫星已经在火星引力的作用下开始破裂了。这些早期缓慢崩塌的迹象，造成了我们今天看到的火卫一表面长长的沟壑。

日食的终结

日全食是大自然呈现的最美景象之一。当月球位于地球和太阳之间时，就会发生壮观的日食现象。如果三个天体的位置恰好精准地排列在一条直线上，那么月球就会完全遮住太阳的明亮光芒，在地球上投下月球的影子。

那些位于月球影子地带的幸运儿就能够看到壮丽的日全食景象。在2~3分钟的时间里，白昼如同黑夜，你甚至能够看到天空中闪烁着其他恒星！在短暂的奇观之后，月球会逐渐移开，太阳的万丈光芒再次呈现，这场天空大戏落幕。

日全食是罕见的。虽然大约每18个月地球上的某处就能看到日全食，但大多数人一生中只能看到一次日全食。在地球上同一地点，例如你所在的城镇，两次日全食的时间间隔长达360~400年。

纯属幸运

实际上，太阳的直径大约是月球的400倍。极其幸运的是，我们从地球上看去，太阳和月球几乎同样大。这是因为虽然太阳的直径大约是月球的400倍，但它与地球的距离也恰好是地月距离的400倍左右。如果月球看起来比太阳稍稍大一点，或者绕地球运动的轨道稍稍近一些，日全食现象都不会有我们今天看到的这般壮丽。

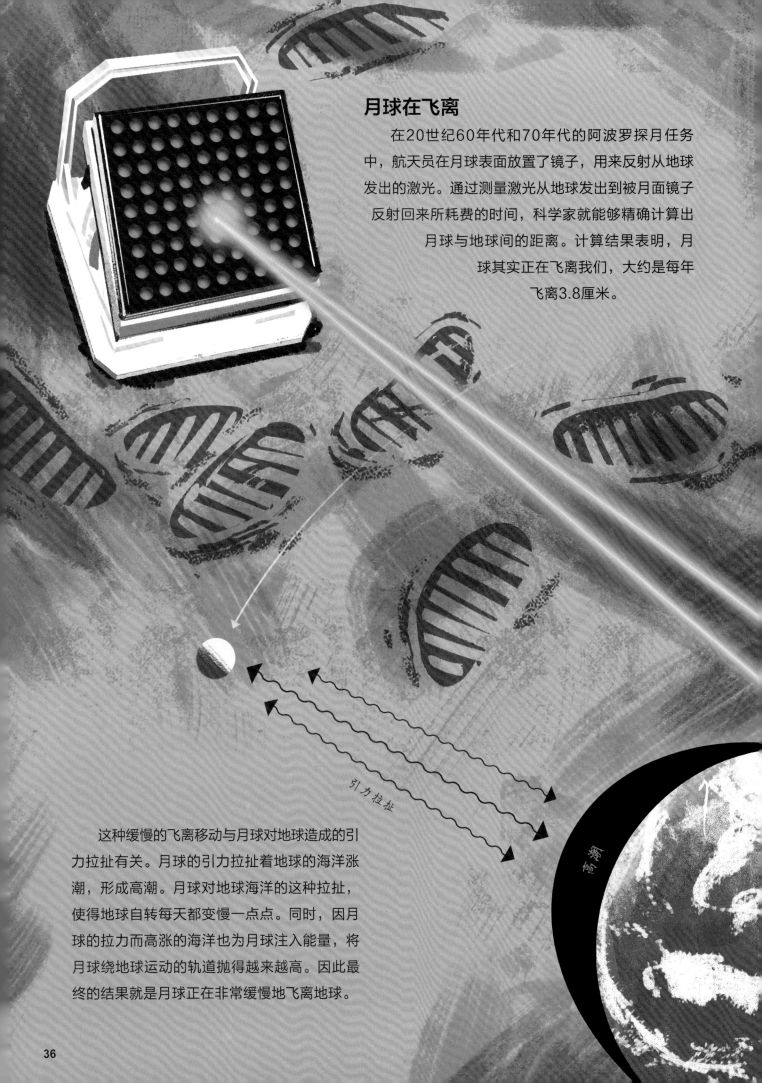

月球在飞离

在20世纪60年代和70年代的阿波罗探月任务中，航天员在月球表面放置了镜子，用来反射从地球发出的激光。通过测量激光从地球发出到被月面镜子反射回来所耗费的时间，科学家就能够精确计算出月球与地球间的距离。计算结果表明，月球其实正在飞离我们，大约是每年飞离3.8厘米。

引力拉扯

这种缓慢的飞离移动与月球对地球造成的引力拉扯有关。月球的引力拉扯着地球的海洋涨潮，形成高潮。月球对地球海洋的这种拉扯，使得地球自转每天都变慢一点点。同时，因月球的拉力而高涨的海洋也为月球注入能量，将月球绕地球运动的轨道抛得越来越高。因此最终的结果就是月球正在非常缓慢地飞离地球。

日食壮景的终结

随着月球缓缓地飞离地球，从地球上看去，月球将变得越来越小。这就意味着在遥远的未来，终有一天，天空中的月球因飞离太远而变得太小，从而无法继续在发生日食现象时，遮挡住全部的太阳光。

天文学家已经计算出这场大自然壮景的结束时间，那将是在6亿年之后。而12亿年之后，甚至连日偏食也会终结。那时，月球已距离地球太远太远，远到无法在地球表面投下任何阴影。

在非常遥远的未来（几十亿年后），地球的自转速度也会变慢，那时的一个地球日将长达1000个小时，那时也只能从地球固定的一侧看到月球。

仙女星系大碰撞

　　星系是由被引力束缚在一起的大量恒星、气体、尘埃，以及被称为暗物质的神秘物质组成的。在银河系内，太阳只是围绕银河系中心运动的大约2500亿颗恒星成员中的一颗。在银河系的核心区域，有着一个相当于400万个太阳质量的超大质量黑洞！

聚集成群

　　星系很少会孤独地存在于宇宙中，它们通常都是某个星系群或星系团的成员。我们所在的银河系就是名为"本星系群"的成员星系之一，本星系群大约包括50个星系。这个星系群的成员星系分布在半径为1000万光年的区域里，相互之间通过不同方向的引力拖曳作用将彼此束缚在一起。在本星系群中占统治地位的两个星系成员分别是银河系和仙女星系，二者都是大质量的旋涡星系。

　　宇宙中还有其他数以万亿计的星系，有些与银河系相似，有些则完全不同。

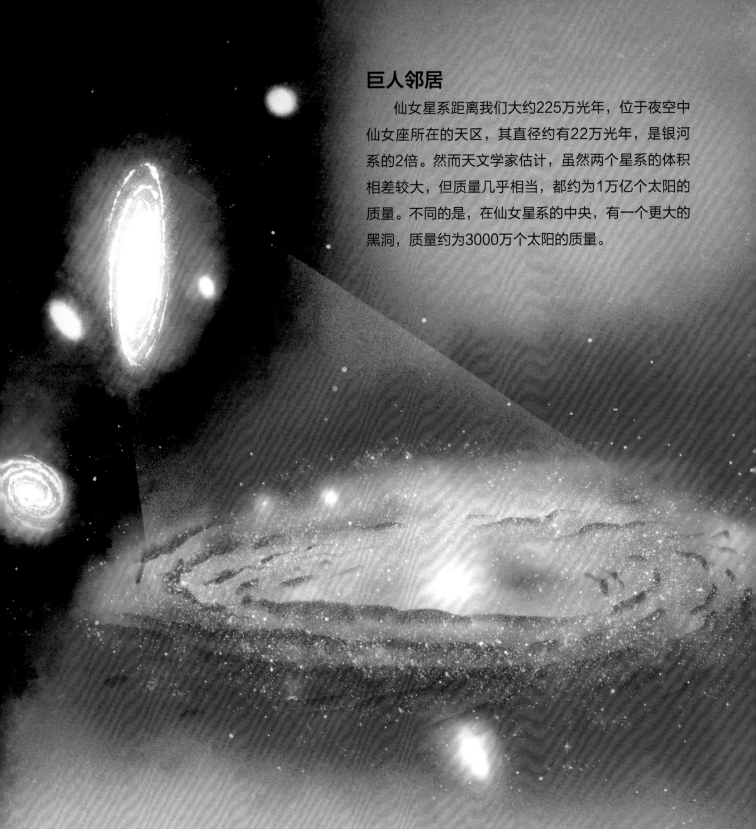

巨人邻居

仙女星系距离我们大约225万光年，位于夜空中仙女座所在的天区，其直径约有22万光年，是银河系的2倍。然而天文学家估计，虽然两个星系的体积相差较大，但质量几乎相当，都约为1万亿个太阳的质量。不同的是，在仙女星系的中央，有一个更大的黑洞，质量约为3000万个太阳的质量。

迎面飞奔

利用强大的空间望远镜，例如哈勃空间望远镜和"盖亚"空间探测器，天文学家精确地测量了仙女星系中恒星的运动。结果显示，银河系和仙女星系正在朝向彼此运动。

两个大质量星系间巨大的引力作用，使得它们奔赴彼此的速度高达每小时40.2万千米。随着二者间的距离越来越近，彼此靠近的速度也会越来越快。

侧击

　　大约45亿年后，仙女星系将最终撞向银河系，但这次撞击更像是一场宇宙中的擦肩而过而非撞个满怀。在第一次接触后，两个星系将继续彼此拉扯绕转，在引力的作用下共舞。每一次接触，都会有大量恒星被甩入湾流般长长的星系尾。

　　在两个星系第一次侧面撞击后的几十亿年间，仙女星系和银河系将充分并合，从此形成一个新的巨大的星系。原本分别位于两个星系中心的黑洞也会并合，在新星系中心形成一个质量更大的超大质量黑洞。

这场星系间的剧烈碰撞可能会把太阳和太阳系甩得更偏远，比目前太阳相对于银河系中心的位置还要更偏远。然而星系碰撞并不会对太阳造成毁灭性的伤害。

当星系彼此并合时，星系内的恒星之间的距离仍旧非常遥远，几乎不会发生碰撞。

值得关注的奇观！

未来的仙女星系与银河系的并合将会为地球的夜空带来一场新的奇观。20亿~30亿年后，逐渐靠近的仙女星系将现身为夜空中一个庞大的天体，人类仅凭肉眼就能够在地球上清楚地看到它美丽的旋涡形状。

再过大约10亿年，地球夜空将被大量新生的恒星点亮，这些新生恒星都是星系碰撞的产物。当两个星系最终并合在一起时，新星系的中央核球将是个硕大明亮、令人惊叹的观测目标。

变成红巨星的太阳

我们在本书第22页中已经看到，大质量恒星参宿四将以强烈的超新星爆发的方式结束自己的生命。同为恒星，太阳的质量要比参宿四小得多，我们甚至可以把太阳视为一颗小质量恒星。与夜空中其他小质量恒星一样，太阳的生命周期将以更温和的方式结束。

在过去的45亿年里，太阳一直都处于平衡状态。核聚变反应产生的能量持续为太阳系提供光和热。然而与参宿四以及其他恒星一样，太阳核心的燃料终会消耗殆尽，核聚变不会永远持续。

膨胀变大

太阳目前约消耗了自身燃料的一半。大约50亿年后，燃料就会耗尽。引力作用将成为主导，向内压缩年老的恒星，核心开始收缩。这种全方位对气体的压缩将使得太阳的核心温度变得更高。

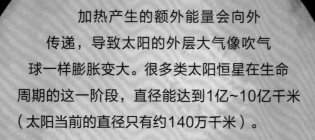

加热产生的额外能量会向外传递，导致太阳的外层大气像吹气球一样膨胀变大。很多类太阳恒星在生命周期的这一阶段，直径能达到1亿~10亿千米（太阳当前的直径只有约140万千米）。

随着太阳的能量传递至更广阔的区域，其自身温度也会降得更低，表面温度只有大约3000摄氏度，仅有当前太阳表面温度的一半左右。

由于温度更低，太阳会发出红色的光，它自己也将逐渐转变为红巨星。

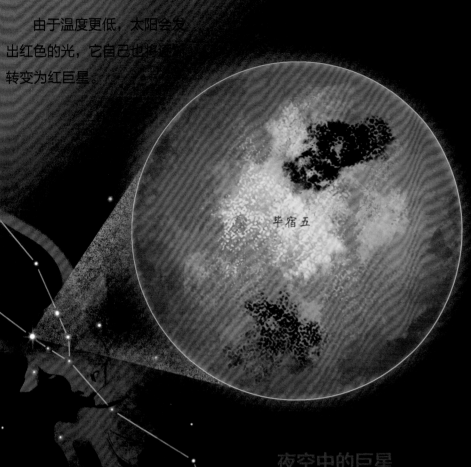

毕宿五

在清朗的夜晚，你仅凭肉眼就能找到夜空中明亮的红巨星。这些恒星比太阳年纪大，已经进入生命周期的后半程。

夜空中的巨星

毕宿五是金牛座的一颗红巨星，距离我们约65光年，半径大约是当前太阳的40倍。另一颗红巨星是大角星，它是牧夫座最亮的恒星，其半径是太阳的25倍，发出的光能量要比太阳的100倍还多。

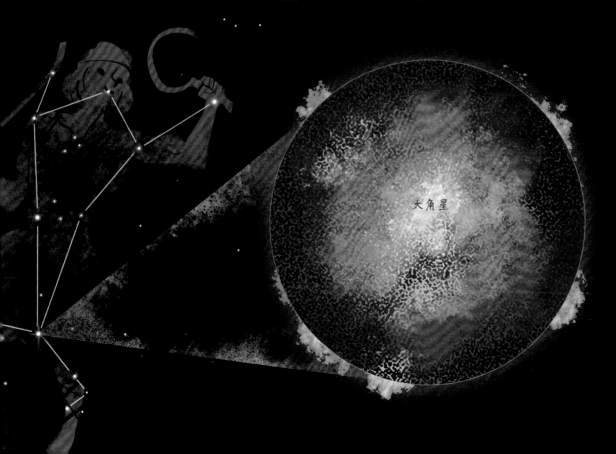

大角星

被烧焦的地球

　　50多亿年以后，太阳将变为红巨星，会吞噬距离它最近的两颗行星——水星和金星。

　　天文学家已经计算出，当太阳膨胀到最大时，直径要比现在大250倍。到那时，连地球也会被太阳吞掉。

　　如果地球进入了太阳的大气层，它会被炽热的气体粒子烧焦瓦解，旋转进入更靠近太阳内部的区域。

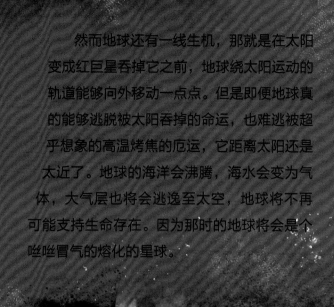

然而地球还有一线生机，那就是在太阳变成红巨星吞掉它之前，地球绕太阳运动的轨道能够向外移动一点点。但是即便地球真的能够逃脱被太阳吞掉的命运，也难逃被超乎想象的高温烤焦的厄运，它距离太阳还是太近了。地球的海洋会沸腾，海水会变为气体，大气层也将会逃逸至太空，地球将不再可能支持生命存在。因为那时的地球将会是个咝咝冒气的熔化的星球。

木卫二

木星

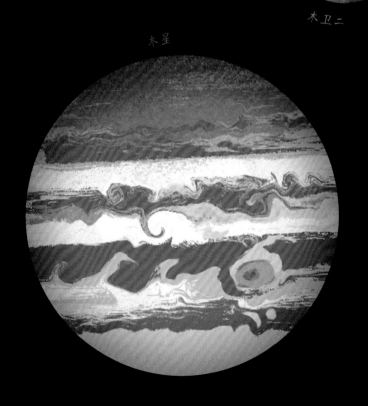

新家园？

好消息是当太阳变成红巨星，体积膨胀超出内太阳系时，太阳的热量会加热一些今天仍是冰冻世界的天体，它们位于外太阳系。比如木卫二，它是木星的一颗卫星，还有土卫六，它是土星的一颗卫星。目前，在它们的地表下面，都有大量的泥浆状的冰。

来自太阳的多余的热量将会把这些冰变成巨大的液态海洋，这也许能给未来的人类提供新的家园。当然也有另一种可能，即多余的热量把木卫二和土卫六都变成了完全的水世界！

到那时，矮行星冥王星的表面温度有可能变得跟今天的地球表面平均温度一样，它也许会是人类能够居住的另一个星球。

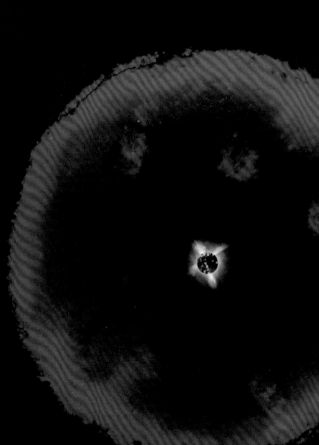

被抛出的太阳外层的气体形成美丽的行星状星云。这类天体的名字会让人迷惑，因为其中并没有行星存在，只是因为通过小口径望远镜观测时，它们看起来与行星有些像罢了。

在现在的夜空中，你能看到很多已经演化至行星状星云阶段的恒星。其中两个壮观天体的代表就是位于天龙座的猫眼星云和位于天蝎座的蝴蝶星云。它们都是夜空中壮丽的天体，形状和颜色都夺人眼球。

未来时钟 ▶ 时间：80亿年后

太阳之死

变为红巨星之后，太阳从此就进入生命周期的最后阶段，这个阶段长达八十亿年。太阳的红巨星阶段持续的时间大概会占据整个生命周期的十分之一；然后就进入不稳定的新阶段，发出的光会剧烈变化。

被紧紧包裹在气泡中

在接下来的几十亿年里，太阳的外层大气将彻底分崩离析，从紧致的中央核心处向外散逸。喷发出的气体呈现不同的颜色，消耗着残留下来的炽热核心的能量。

压碎的残骸

接下来，剩余的太阳最外层的物质将被剥离进入太空。大约80亿年后，留下的全部物质就只有裸露的核心，在行星状星云的环绕下被引力紧紧地压缩。残留的太阳的主要成分是碳和氧，体积跟今天的地球差不多。

这种状态的太阳被称为白矮星，是一种非常奇特的天体。在一颗白矮星内部，物质都被极其紧致地压缩，如果你能把一茶匙白矮星物质带到地球上，那么它会比一头大象还重！

夜空中的钻石

演化为白矮星的太阳所发出的热量会慢慢消退。就好像不再燃烧的煤块一样，几百万年后白矮星将永远冻结淡下去。当白矮星变成暗黑冰冷的天体时，构成白矮星的碳原子和氧原子就会冻结形成晶体，低温的碳能够形成晶体钻石。所以，太阳最终可能会成为一颗地球般大小的钻石挂在夜空中，为它的一生画上句号！

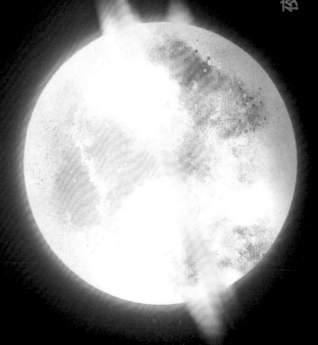

星系的聚集

当我们思考整个宇宙时，就要以星系作为整幅图景的定标。天文学家估计宇宙中星系的数目是1000亿~20000亿个，每个星系都包括亿万颗恒星。这些星系距离我们都十分遥远，从几百万光年到几十亿光年不等。

天文学家使用功能强大的望远镜确定了几百万个星系的位置，为整个宇宙绘制全景图像。天文学家的观测显示，大多数星系都聚集为星系群或星系团，引力好像胶水一样，把星系松散地束缚在一起。

仙女星系

银河系

本星系群

室女超星系团

本星系群

太空中最宏伟的结构

在本书第38页我们看到，银河系是本星系群的一部分，本星系群有大约50个成员星系，包括壮美的仙女星系。观测表明，像本星系群这样的星系集合，本身又被更多其他星系群所包围，共同构成更大的结构。在更大的尺度上，本星系群和其他几百个星系团纷纷聚集起来，构成名为室女超星系团的超大星系集团。这个超大星系集团占据了广袤的深空，直径超过1亿光年。

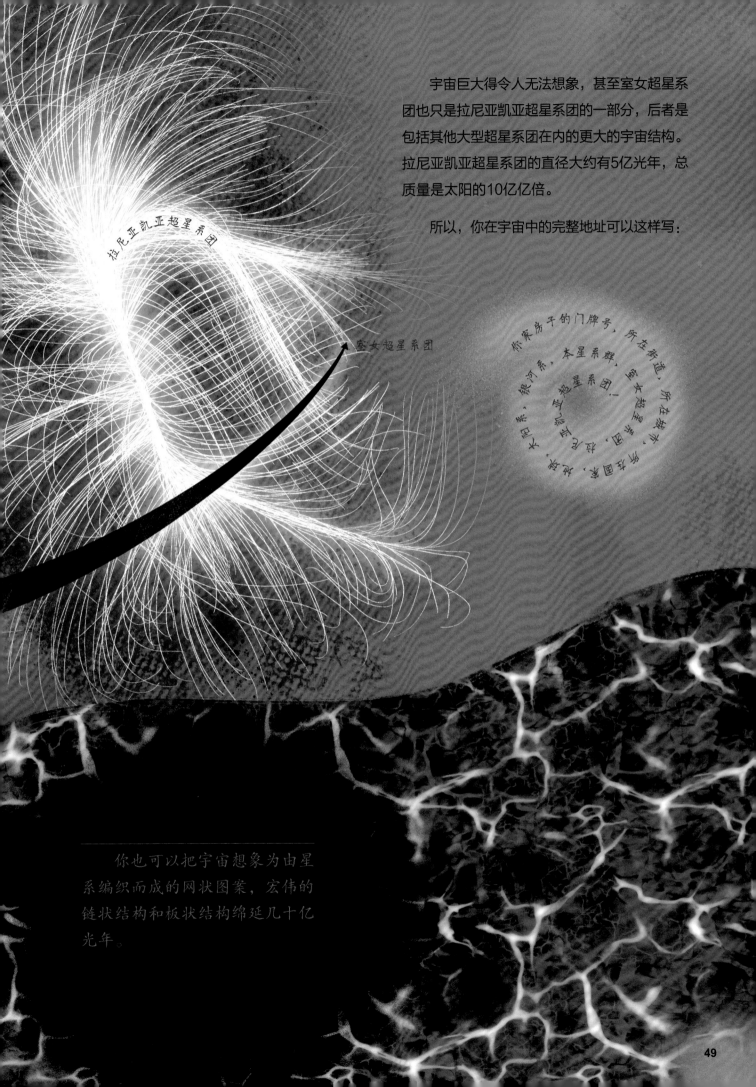

宇宙巨大得令人无法想象，甚至室女超星系团也只是拉尼亚凯亚超星系团的一部分，后者是包括其他大型超星系团在内的更大的宇宙结构。拉尼亚凯亚超星系团的直径大约有5亿光年，总质量是太阳的10亿亿倍。

所以，你在宇宙中的完整地址可以这样写：

拉尼亚凯亚超星系团

室女超星系团

你家房子的门牌号，所在街道，所在城市，所在国家，地球，太阳系，银河系，本星系群，室女超星系团，拉尼亚凯亚超星系团！

你也可以把宇宙想象为由星系编织而成的网状图案，宏伟的链状结构和板状结构绵延几十亿光年。

聚集起来

室女超星系团好像一个几乎扁平的橄榄球。位于中心的是一个由大约2000个星系构成的星系团。

其他星系团散落在周围，本星系群（包含银河系）则靠近室女超星系团的边缘地带。众多星系被彼此的巨大引力拉扯，经过漫长的时间，星系团中的物质被引力束缚得越来越紧密。

感谢天文学家对宇宙的理解，并通过观测星系的运动绘制星系运动图。天文学家发现室女超星系团外围的大量星系正在向内"掉落"。天文学家预言，大约1000亿年后，室女超星系团将把其全部物质都拉至一处，成为一个单独的拥有巨大质量的恒星集合。

巨引源

超星系团都在迎着彼此运动，同时，宇宙中还有一个奇特的"引力幽灵"，称为巨引源。这块神秘区域的总质量相当于几万个银河系。它的引力如此之大，以至于对几亿光年范围内的星系都能产生吸引。

我们所在的室女超星系团也正朝着巨引源飞奔。巨引源距离我们大约2.5亿光年，但我们并不知道那里究竟有什么。由于我们所在的银盘内有大量的气体、尘埃和恒星，它们模糊了这个方向的视线，使得巨引源被遮掩在神秘之中。

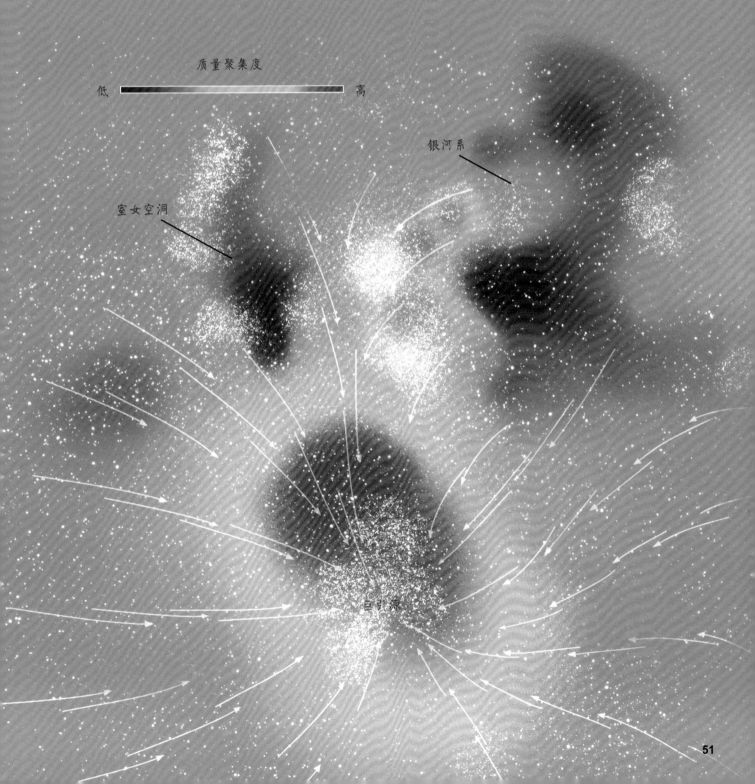

质量聚集度

低 高

室女空洞

银河系

巨引源

正在消失的宇宙

宇宙的大小并非一成不变。自138亿年前宇宙形成以来，它一直在增大。科学家称其为膨胀的宇宙。我们今天看到的宇宙大小要比非常年轻时的宇宙大几十亿倍。目前，宇宙仍在变得越来越大。

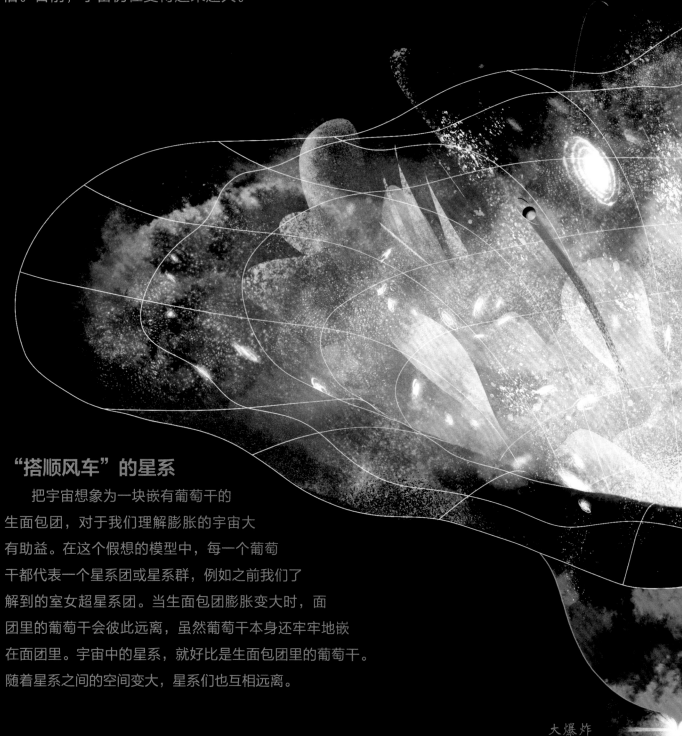

"搭顺风车"的星系

把宇宙想象为一块嵌有葡萄干的生面包团，对于我们理解膨胀的宇宙大有助益。在这个假想的模型中，每一个葡萄干都代表一个星系团或星系群，例如之前我们了解到的室女超星系团。当生面包团膨胀变大时，面团里的葡萄干会彼此远离，虽然葡萄干本身还牢牢地嵌在面团里。宇宙中的星系，就好比是生面包团里的葡萄干。随着星系之间的空间变大，星系们也互相远离。

大爆炸

越来越远

在本书第48页，我们遇到了因引力作用聚集在一起的星系。这种聚集只发生在天文学家认为的一小片宇宙区域内，尽管这"一小片"区域的直径可能有1亿光年！宇宙实在是广袤得不可想象，比如占据不同宇宙空间的星系团，实际上彼此之间并没有互相靠近，而是一直在互相远离，但与此同时，星系团内部的星系成员正在彼此靠近。

在不断膨胀的宇宙里，星系搭上了顺风车。

事实上我们发现，星系距离我们越远，其远离我们的速度就越快。由于宇宙在持续膨胀，越来越多的星系会逃离我们的视野范围，它们发出的光将永远无法被我们接收到。

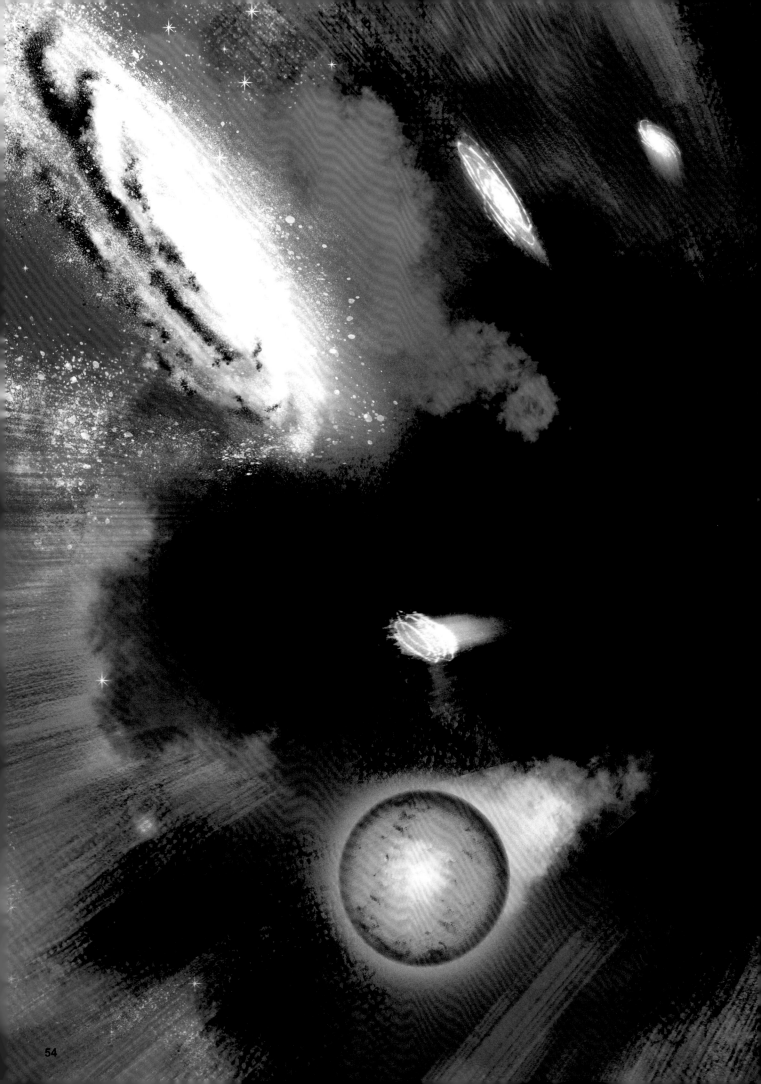

奇异暗能量就在那里

20世纪初，以阿尔伯特·爱因斯坦、乔治·勒梅特和埃德温·哈勃为代表的科学家发现宇宙正在膨胀。自那以后，大多数科学家相信自大爆炸之后，宇宙膨胀的速度会变得越来越慢。他们期望数以亿计的星系中的物质产生的引力，会对空间产生拖曳，从而减缓宇宙膨胀。

令人惊奇的是，20世纪90年代，当天文学家测量宇宙是怎样变化的时，他们发现宇宙现在的膨胀速度要比年轻时的宇宙快！越来越快的宇宙膨胀现象就此成为一个巨大谜团。

科学家认为宇宙中必然存在某种能够产生斥力的物质，用来抵抗来自普通物质和暗物质的引力作用，从而撑着宇宙越来越快地膨胀。宇宙里的这种神秘物质被称为暗能量。虽然没有人真正知道暗能量到底是什么，但暗能量有很多。整个宇宙中接近68%的部分都是暗能量！

视野之外

在非常遥远的未来，随着宇宙被难以置信地撕裂开来，我们周围的空间也会慢慢变得越来越空旷。大约3万亿年后，那个至暗时刻就会来临，无论我们如何努力，几乎所有的星系都将从我们的视野中消失。它们远离我们的速度是如此之快，以至于发出的光都来不及到达我们的眼睛。我们在今天尚能看到的充满千亿个星系的宇宙，到那时都将移动至我们的视野之外。

坚持到最后的恒星

本书前面的章节里，我们看到恒星彼此各不相同。今天我们看到宇宙里有着各种各样的恒星：年轻的和年老的恒星、矮星和超巨星、小质量的和大质量的恒星。恒星之间的另一个重要差异是它们的生命周期。不同恒星的生命长短是不同的。

宇宙资源再循环

恒星在宇宙资源再循环中扮演着重要角色！当一颗年老的恒星死亡，它的外层物质会以超新星爆发或者行星状星云的形式喷出。喷出的气体会飞溅至十分遥远的地方，直到在宇宙空间中遇到其他气体尘埃，然后聚集在一起形成新的云团。这些星际间的云团是造星"工厂"，物质被引力作用挤压聚集，开始形成新一代的恒星。

恒星的形成已进入尾声

宇宙已经度过了孕育恒星的辉煌时代。通过研究不同时期的星系，天文学家发现太阳系周围主要是年老的恒星，它们大都是在90亿年，甚至是在110亿年前的宇宙"婴儿潮"时期诞生的。今天我们能看到的恒星中大约有90%都是在过去的100亿年里形成的。如今星系中新星的形成率还不及"婴儿潮"巅峰时期的5%。

接下来，宇宙能形成的恒星数目不会超过当前已有恒星总数的5%，因为我们已经开始看到造星"工厂"的造星阶段进入"尾声"。不过，从进入"尾声"到终结仍将经历万亿年，所以不用担心！这还要感谢数目众多的超长寿命的恒星，它们占恒星总数的大多数。

万亿年后，这种回收年老恒星物质并继续形成新恒星的循环还会继续。但终结的时刻总会到来，经历了太多次这样的物质循环再利用后，新星形成所需的全部原材料终将消耗殆尽。那时所有的物质都已转化，大多数物质被锁定在死亡恒星中，例如白矮星、中子星和黑洞。

小小的红矮星

　　宇宙中最常见的恒星是红矮星。仅在银河系内，就有一半到四分之三的恒星都是红矮星。这些小个头儿恒星的质量只有太阳的十分之一，表面温度大约是3000摄氏度（大约是太阳的一半）。

　　我们已经通过本书第23页得知，恒星的寿命长短依赖于它诞生时的质量。质量越大的恒星会越快地消耗自己的核燃料，因此寿命就越短。相反，由于质量很小，红矮星消耗核燃料的速度非常慢，因为它们不需要消耗太多燃料来抵抗引力。

　　正因如此，这些小个头儿的红矮星很长寿，寿命大约为10万亿年。它们将会是坚持到最后才消亡的恒星。它们发出的微弱光芒也将会是宇宙中最后的星光。

红矮星

黑矮星

最终，与其他所有恒星一样，红矮星也会耗尽支撑自己的核燃料。那时，红矮星的全部热量将散逸到太空，从此变成寒冷的、不可见的黑矮星。

宇宙终曲

在展望宇宙自身最终命运的同时,我们也将结束这场壮丽的宇宙未来之旅。我们看到,自大爆炸起宇宙一直在膨胀。随着时间流逝,宇宙膨胀的速度不断加快,加速的原因是神秘的暗能量在发挥作用。

热寂假说

宇宙的终曲可能是被永无止境的膨胀所统治。星系团和单独的星系彼此距离越来越远。星系间将完全失去联系。已死亡的恒星不能发出一点点的光亮,宇宙里只剩下游荡的黑洞。在宇宙不断膨胀的遥远未来,黑洞本身也会蒸发,消散在宇宙中。构成物质的基本粒子,比如质子,也将发生衰变。

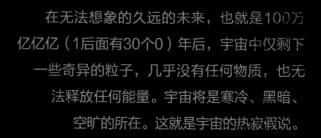

在无法想象的久远的未来,也就是100万亿亿亿(1后面有30个0)年后,宇宙中仅剩下一些奇异的粒子,几乎没有任何物质,也无法释放任何能量。宇宙将是寒冷、黑暗、空旷的所在。这就是宇宙的热寂假说。

大撕裂

有科学家相信宇宙的终曲可能是非常戏剧性的。如果暗能量在未来变得越来越强,那么我们可能会迎来一种积极毁灭的宇宙结局。

巨大的不断增加的暗能量将统治一切。它将撕裂星系、恒星、行星,以及存在于遥远未来宇宙中的任何物质。甚至分子和原子也会被加速膨胀的空间撕碎。届时,暗能量将要比引力和其他所有能将物质聚集起来的作用力都更加强大。

宇宙将终结于大撕裂——所有的物质都会在消失于我们的视野之前被撕裂。

不用担心!即使大撕裂的预言是准确的,它也会在万万亿亿年后才开始,谁知道那时的人类和科技是什么样子呢!要想真正了解宇宙将如何终结,我们必须揭开暗能量的秘密。目前,我们还不知道暗能量究竟会一直保持同样的强度,还是会变得越来越强,抑或会逐渐消失。

拥抱此刻壮丽的宇宙

宇宙是无法想象又激动人心的,因为所有的物质都在持续地变化着。我们知道太阳系行星、太阳系、银河系、本星系群以至整个宇宙都不会一直保持现状,但我们也知道此刻的宇宙是那样壮美。当你下一次抬头仰望夜空时,想想所有这些慢慢发生的变化吧。

恒星、行星和卫星都在运动,太阳也在慢慢老去,今天夜空中某些最亮的恒星,或将成为明日的超新星。银河系正朝着另一个巨大的旋涡星系奔去,但所有其他相距更远的星系又都在彼此远离。此时此刻,你所凝视的夜空正变得越来越大。宇宙的未来正在我们眼前徐徐展开。

词汇表

暗物质： 存在于空间中的一种神秘物质，可能是大爆炸之后产生的可以随机运动的粒子。

白矮星： 演化到末期的恒星留下的非常小但仍然炽热发光的致密星。

本星系群： 包括银河系在内的大约50个星系构成的集合。

超巨星： 大质量的明亮恒星，其生命周期只有几百万年。

超新星： 当恒星最终耗尽核燃料时，它会以超新星的形式爆发，产生令人无法想象的能量。

超星系团： 由星系团聚集而成。本星系群就是室女超星系团的一部分。

赤道： 过天体中心且与天体自转轴垂直的平面与天体表面相交的大圆。

大气： 环绕地球或行星的气体层。

光年： 天体距离的一种长度单位。1光年等于光在真空中沿直线行经1年的距离。

轨道： 空间中一个天体围绕另一个天体运行的路径，例如行星围绕恒星运动。

黑矮星： 小质量恒星耗尽核燃料走向死亡的最终阶段。

黑洞： 由一个只允许外部物质和辐射进入而不允许物质和辐射从中逃离的边界即视界（event horizon）所规定的时空区域。

红矮星： 质量很小的恒星，其核燃料的消耗速度非常慢。

红巨星： 年老的恒星，表面温度较低，因此发出红光。

彗星： 由岩石、尘埃和冰构成的小天体，绕太阳运动。

聚变： 产生巨大能量的原子间的反应。

巨引源： 宇宙中存在的巨大质量，引力十分强大，星系都被其吸引。

粒子： 能够以自由状态存在的最小物质组成部分。

氢： 宇宙中质量最轻、最常见的元素，是无色的气体。

日食： 站在地球上看天空，当月球正好从太阳前面经过时，月球遮挡了太阳光，因此月球的阴影就会投在地球上。

天文单位（AU）： 天体距离单位，1天文单位等于1.5亿千米，是地球和太阳间的平均距离。

天文学家： 研究恒星、行星和太空中其他自然天体的科学家。

星系： 大量恒星系、气体、尖埃和暗物质被引力束缚在一起形成的天体。

星座： 为了识别星空，按恒星在天球上的排列图像，将星空划分的区域。

行星状星云： 当一颗恒星不再能够通过中心核聚变反应来抵抗自身引力时，会形成行星状星云。

引力： 自然界已知的四种基本力之一，牛顿力学认为引力的大小与物体的质量和物体间的距离有关。

有机体： 动物、植物以及其他有生命的物质。

轴： 行星自身旋转时，两极之间的一条假想直线。

索 引